AF465598

GUIDE DU BOTANISTE

Dans le Dauphiné

Bibliothèque du Touriste en Dauphiné

GUIDE
DU
BOTANISTE
DANS LE DAUPHINÉ

EXCURSIONS BRYOLOGIQUES ET LICHÉNOLOGIQUES
SUIVIES
POUR CHACUNE D'HERBORISATIONS PHANÉROGAMIQUES
OU IL EST TRAITÉ DES PROPRIÉTÉS ET DES
USAGES DES PLANTES AU POINT DE VUE DE LA MÉDECINE,
DE L'INDUSTRIE ET DES ARTS

Par l'Abbé RAVAUD
Curé du Villard-de-Lans, Chanoine honoraire de Valence, I A.

5e EXCURSION *BIS*
COMPRENANT
Herborisation à la Moucherolle
et Excursion au Grand-Veymont et au Col
de la Croix-Haute.

GRENOBLE
Xavier DREVET, éditeur
Libraire de l'Académie
14, Rue Lafayette, 14
SUCCURSALE A URIAGE-LES-BAINS
Bureaux du Journal *Le Dauphiné*

Publication du Journal *Le Dauphiné*.

RÉDACTEUR EN CHEF : Mme LOUISE DREVET, ✪ I.

GUIDE DU BOTANISTE
DANS LE DAUPHINÉ

5e EXCURSION *bis*

HERBORISATION A LA MOUCHEROLLE

Comme les sommets les plus élevés des montagnes de la Grande-Chartreuse, tels que le Grand-Som (2.033 mètres), Charmant-Som (1.871) et Chamechaude (2.087), la chaine de montagnes qui s'étend au sud-ouest de Grenoble, depuis Sassenage et Saint-Nizier jusqu'au col de la Croix-Haute, à l'extrémité du département de l'Isère, est tout entière composée de puissantes couches de calcaire compacte appartenant à l'étage néocomien supérieur des terrains crétacés.

Cette chaine produit donc une foule de plantes qui sont spéciales à la nature de son terrain, et que l'on chercherait vainement sur le sol granitique de nos grandes Alpes. Toutefois, parmi les sommets qui dominent la chaine calcaire dont je viens de parler, il en est un qui, par le nombre et la rareté des espèces qu'on y trouve, mérite plus que les autres de fixer l'attention des botanistes, je veux dire la Moucherolle, dont le sommet et les environs ont été plusieurs fois visités par des hommes célèbres dans la science, tels que les Bernard de Jussieu, les Villars, les de Candolle, les Mutel et beaucoup d'autres.

La Moucherolle, d'une altitude de 2.290 mètres, élève sa masse triangulaire entre le Villard-de-Lans au nord-ouest, et le Monestier-de-Clermont au sud-est. Taillée presque à pic du côté du Monestier, elle présente du côté du Villard deux pentes fort roides, il est vrai, mais que l'on peut gravir, sinon sans peine, du moins sans danger. C'est pour être utile à ceux qui désireraient faire l'excursion de la Moucherolle, et leur faciliter quelques recherches, que je donnerai les indications rapides auxquelles doit me limiter ce court exposé. Mes indications feront suite à celles que M. Verlot a présentées, d'une manière si précise, sur les plantes de Saint-Nizier et du col de l'Arc.

Pour le botaniste qui veut aller explorer la Moucherolle, l'itinéraire le plus facile et le plus court est d'aller de Grenoble au Villard-de-Lans par la route départementale. Le Villard-de-Lans peut d'ailleurs être choisi comme un centre commode d'utiles et agréables herborisations. Sillonné par une foule de petits ruisseaux qui traversent de grandes et belles prairies, entrecoupé de rochers, limité d'un côté par des montagnes hautes, mais d'une ascension peu difficile, et, de l'autre, par de vastes forêts, ce canton offre, dans un espace peu étendu, les expositions, les sites les plus divers, et par cela même les plantes les plus variées. La Grande-Chartreuse si vantée est moins riche peut-être; il est fort peu d'espèces de la Grande-Chartreuse appartenant aux régions alpestre et subalpine que je n'aie également observées au Villard-de-Lans. Je ne m'arrêterai point à signaler les plantes de cette importante localité, je ne parlerai que d'une seule, parce que c'est une espèce qui me paraît critique, et que peut-être il faudrait considérer seulement comme une forme de l'*Hieracium lanatum* Vill. : c'est l'*H. Liottardi* Villars.

Cette espèce si litigieuse créée par Villars, et dont il ne cite pas de localité précise, croît au Villard-de-Lans, sur les rochers calcaires qui bordent le sentier conduisant au hameau dit de la Bonnetière. Mes quelques exemplaires d'*H Liottardi* provenant de ce lieu, où ils ont été récoltés par M. l'abbé Thomas, me semblent parfaitement répondre, soit à la figure que Villars a fait graver dans sa Flore du Dauphiné, planche 29, soit à la description écourtée qu'il a faite de sa plante. Dans la diagnose de son *H. Liottardi*, Villars dit d'abord : *H. foliis lanceolatis dentatis, caule erecto bifloro ;* puis, développant dans une glose française ce texte latin si vague, et établissant les rapports qui existent entre cette espèce et les *H. lanatum* et *andryaloides* Vill., il ajoute que son *H. Liottardi* est cotonneux comme les deux espèces précédentes, mais petit comme l'*H. andryaloides* et relevé comme l'*H. lanatum*. Mes échantillons eux aussi sont cotonneux ou plutôt laineux-crépus comme les espèces dont il s'agit, mais bien plus courts et bien moins feuillés que l'*H. lanatum*, à feuilles presque de moitié plus petites, lancéolées, dentées, aiguës, à tiges redressées, et non presque décombantes-redressées comme le sont ordinairement celles de l'*H. lanatum*, enfin d'une hauteur de 4 à 5 centimètres au plus, et terminées par deux ou trois calathides de grandeur moyenne avec pédoncules d'un centimètre de longueur. Tout en concluant à l'identité de l'espèce trouvée à la Bonnetière avec l'*H. Liottardi*, je ne puis cependant affirmer d'une manière absolue cette identité, la diagnose de Villars étant par trop incomplète, et tout exemplaire authentique ayant disparu de son herbier conservé au Muséum d'histoire naturelle de Grenoble. Mais, cette identité supposée, je ne regarderais l'*H. Liottardi* que comme une forme amoindrie de l'*H. lanatum*. Quant à l'*H. Liottardi* Gren. et Godr., il ne me semble avoir que des rapports assez éloignés avec l'espèce décrite par Villars.

Prenons le chemin de la Moucherolle, en passant par Corençon, et de Corençon suivons le sentier de Combové jusqu'au pied même de la montagne que nous avons à gravir : cet itinéraire est tout à la fois celui qui nous abrège la route, nous la rend moins pénible et nous promet plus de richesses sur notre passage. Au sortir du Villard-de-Lans, on voit, au bord de prairies un peu tourbeuses, une plante qui n'est pas commune dans notre département, c'est l'*Epilobium palustre* L. Il ne vaut point la peine de ralentir sa marche pour étudier le long des ruisseaux les différents Saules qui les bordent presque partout comme une double haie : on n'aurait à observer que des espèces communes, tels que le *Salix incana* Schrank, le *S. purpurea* L., le *S. amygdalina* L. et le *S. pentandra* L. ; mais, en approchant de Corençon, ou à Corençon même, on pourra ne pas négliger un *Salix* d'une taille plus élevée que celle des espèces ici mentionnées, intermédiaire aux *S. pentandra* et *S. fragilis*, qui se distingue du premier par ses feuilles plus étroites, plus allongées, et ses stipules en demi-cœur, et du second par ses feuilles plus épaisses, d'une consistance plus ferme, dentées dans tout leur pourtour, à dents régulières et peu obtuses: c'est le *S. cuspidata* de Schultz, considéré par Koch comme une bonne espèce, et par M. Wimmer comme un hybride de *S. pentandra* et *fragilis*. Sur notre chemin, n'oublions pas non plus de jeter au moins un coup d'œil sur de magnifiques touffes de *Veronica fruticulosa* L., sur le *Nepeta graveolens* Vill., et de cueillir deux ou trois pieds de l'une de nos plus rares Orchidées de France, l'*Epipogium Gmelini* Rich. C'est à peu de distance de Corençon, dont l'église n'est éloignée du Villard-de-Lans que d'une heure de marche, que commence à se montrer, à droite du chemin, le long d'une colline rocailleuse de terrain crétacé, le *Veronica fruticulosa*. Cette espèce apparaît ici avec une souche ligneuse, d'où partent une foule de tiges, d'abord un peu diffuses, puis redressées en touffes compactes et roides, avec des grappes de fleurs rose tendre ou couleur de chair, et non bleu foncé, à pédicelles couverts, ainsi que les calices et les capsules, de poils courts, glanduleux. Je l'ai également observée à la Moucherolle, dans une station bien plus élevée, et là elle est beaucoup moins rameuse et plus diffuse, mais les fleurs sont les mêmes. Cela dit, faut-il considérer, ainsi que le font plusieurs auteurs, le *V. saxatilis* Jacq. comme une simple variété du *V. fruticulosa* L.? Le *Veronica saxatilis*, que je n'ai jamais vu que sur les terrains granitiques, tandis que je n'ai jamais vu l'autre que sur les terrains calcaires, se présente avec un faciès général qui engage tout d'abord à le séparer du *V. fruticulosa*. Il est plus ligneux dans l'ensemble de ses parties que ce dernier ; toujours moins rameux, à tiges non maintenues dans leur grosseur, mais grêles-filiformes à leur extrémité, décombantes et à peine redressées ; ses feuilles sont plus charnues-épaisses et souvent arrondies, d'un vert plus foncé ; ses grappes sont moins régulières, ses fleurs moins grandes et constamment d'un bleu de ciel, à pédicelles, à calices et à capsules couverts de poils articulés et non glanduleux. Toutes ces différences, qui, prises à part, paraissent peu importantes, mais dont l'ensemble peut bien avoir sa valeur, ne sont-elles qu'un effet dû à la nature du terrain dans lequel a crû la même plante qui s'est accidentellement modifiée, ou bien ces différences suffisent-elles pour faire des *V. fruticulosa* et *saxatilis* deux espèces distinctes (1) ?

---

(1) Sans doute il est bien de simplifier la science et de ne pas élever au rang d'espèce une simple variété ; mais le système qui tendrait à ne voir presque partout que des modifications plus ou moins frappantes dans les différences qui existent entre les plantes, qui tendrait à faire croire à leur transformation successive, à méconnaître la limitation et l'immutabilité des espèces, enfin à confondre sous un même nom deux plantes d'une distinction spécifique permanente, ce système serait ennemi de la vraie science. Le reproche que l'on ferait à un observateur consciencieux, pour ne prendre ici que le point secondaire de la question, ce reproche qu'on lui ferait de séparer ce qui est réellement distinct, parce qu'en étendant la nomen-

Je ne parlerai pas du *Dianthus sylvestris* Wulf., ni du *D. monspessulanus* L., qui croissent aux mêmes lieux que le *Veronica fruticulosa*, mais j'annoncerai à quelques pas de là le *Peucedanum carvifolium* Vill., qui reparait ensuite à peu près dans tous les sentiers de Corençon. L'*Epipogium Gmelini* est loin d'être aussi commun que cette Ombellifère; je l'ai récolté deux fois, mais toujours en petite quantité : c'est dans une petite forêt de Pins appelée bois de la Traverse, et que l'on voit à sa droite, sur le bord du chemin, au moment où l'on atteint le premier hameau de Corençon, que croit l'*Epipogium Gmelini*. Il est facile de reconnaitre cette élégante et délicate Orchidée à sa

---

clature scientifique, il rendra la science moins accessible au grand nombre, serait un reproche peu fondé et même puéril. Il est plus facile, j'en conviens, de retenir un seul nom que d'en retenir deux, mais en confondant sous un même nom deux espèces, qui ont droit chacune à sa dénomination propre, on ne fera point que, dans la réalité, ces deux espèces n'en soient qu'une seule, et c'est vraiment errer et entraîner dans l'erreur que de ne pas les séparer. Que l'on demande à l'observateur des faits contrôlés par l'expérience; qu'on exige que ces faits se présentent avec les conditions voulues par une saine critique pour faire autorité; mais, ces conditions remplies, il ne faut plus en récuser la valeur. Si je fais en passant ces quelques observations au sujet d'une espèce critique, c'est pour dire que la limitation des espèces est un principe qu'il est nécessaire de ne point abandonner, et que le principe opposé, tel qu'on a déjà cherché à le faire prévaloir dans quelques écrits, non seulement est contraire aux faits constatés par l'expérience et ennemi de la science véritable, mais encore peut entraîner, dans des questions d'un ordre supérieur, les conséquences les plus fâcheuses, en favorisant de funestes tendances.

tige blanchâtre et sans feuilles, à belles fleurs d'un rose tendre, formant autour de leur axe une grappe peu fournie et peu allongée. Dans la partie supérieure de la même forêt, on voit, rangés en petits groupes, de nombreux pieds de *Goodyera repens* R. Br., et çà et là d'autres groupes de *Monotropa Hypopitys* L., de *Corallorrhiza innata* R. Br., de *Pirola chlorantha* Sw. et de *Luzula flavescens* Gaud. Le *Goodyera repens* et le *Luzula flavescens* ne sont point rares dans les forêts qui s'étendent à la base de la Moucherolle ; le *Pirola chlorantha* et le *Corallorrhiza* le sont davantage, mais ils s'y montrent cependant de distance en distance, ainsi que le *Listera cordata* R. Br. et le *Cypripedium Calceolus* L. En sortant de la forêt de la Traverse, si l'on se dirige à l'ouest vers les prairies humides du hameau de la Narce, on récoltera l'*Herminium clandestinum* G. G., le *Sedum villosum* L. et le *Juncus squarrosus* L. Cette dernière espèce est rare en Dauphiné. Si, au lieu de suivre la direction des prairies que je signale, on redescend au chemin que l'on avait quitté pour récolter l'*Epipogium*, on découvre à sa gauche l'*Aconitum vulgare* DC. *Syst.* (*A. Napellus* G. G. ex parte), avec ses tiges élevées et ses grappes d'un bleu foncé ; il abonde au pied du rocher qui domine la route. Lorsque je récoltai, il y a quelques années, cette belle espèce dans le lieu où je la signale, elle venait de donner une nouvelle preuve de ses propriétés toxiques ; des chèvres, trompées cette fois par leur instinct ordinairement si sûr, avaient mangé de cette plante et plusieurs avaient péri empoisonnées.

Négligeons, si l'on veut, le *Dianthus atro-rubens*

Loisel. (non All.), bien qu'il soit une variété assez remarquable du *D. Carthusianorum* L. et que Chaix en ait fait son *D. vaginatus*, et, sans nous arrêter davantage à Corençon où cette variété croît en abondance au milieu des ruines d'un vieux château-fort, prenons le sentier de Combové pour aller de là immédiatement à la Moucherolle ; mais jetons au moins un rapide coup-d'œil sur les espèces qui s'offriront à nous sur notre passage. A l'entrée du bois et dans une des localités citées par Villars lui-même, apparaissent de magnifiques pieds d'*Hieracium cydonifolium*, l'une des espèces de ce beau genre créées par cet auteur. Comme on s'est mépris plusieurs fois sur l'espèce de Villars, peut-être n'est-il pas hors de propros de rappeler ici la diagnose qu'il en donne lui-même (*Histoire des plantes du Dauphiné*, t. III, p. 107) : *Hieracium caule recto, ex axillis ramoso, foliis oblongo-ellipticis semi-amplexicaulibus dentatis, calycibus hispidis nigrescentibus*. Cette diagnose est complétée par Koch dans la deuxième édition de son *Synopsis*, et par MM. Grenier et Godron dans leur *Flore de France;* mais ces derniers auteurs me paraissent n'avoir eu que des exemplaires peu développés de cette plante lorsqu'ils en ont fait la description. On n'aura qu'à regarder autour de soi le long du sentier qui conduit à travers les bois de Combové, pour découvrir une foule de plantes qui ne sont point sans intérêt, et parmi lesquelles je me contenterai de mentionner le *Sagina Linnæi* Presl, l'*Inula Vaillantii* Vill. (que l'on voit également sur la lisière des bois et dans les lieux humides des environs de Grenoble), l'*Achillea macrophylla* L., le *Seyeria blattarioides*

Monn. et l'*Aposeris fœtida* Less. (excellente espèce qui compte peu de localités en France), le *Bupleurum longifolium* L. (espèce qui préfère les terrains calcaires et découverts, mais que j'ai observée quelquefois aussi sur les terrains granitiques et dans des lieux ombragés), une foule d'espèces de Fougères, communes pour la plupart, accompagnées d'autres un peu plus rares, telles que le *Botrychium Lunaria* Sw., les *Polypodium Phegopteris* L., *rhæticum* L., et *Dryopteris* L., les *Aspidium Lonchitis* Sw. et *aculeatum* Dœll, le *Polystichum rigidum* DC., l'*Asplenium viride* Huds., et surtout le *Cystopteris regia* Koch, que l'on aurait tort, ce me semble, de ne considérer que comme une simple variété du *Cystopteris fragilis* Bernh. En se détournant dans la forêt un peu à gauche et du côté du nord, on trouve réunis, et en compagnie du *Melampyrum sylvaticum* L., les *Lycopodium clavatum* L., *annotinum* L., *Selago* L., et même le *Selaginella spinulosa* A. Braun ; mais ce dernier est bien plus abondant sur les sommets herbeux de la Moucherolle.

Nous sommes sortis de la forêt, et, à travers des rochers où nous pouvons récolter l'*Hieracium glabratum* Hoppe, l'*H. villosum* L. sous toutes ses formes, nous allons, vers le nord-ouest, nous reposer un instant au pied même de la Grande-Moucherolle que nous gravirons bientôt, et nous désaltérer à une petite fontaine d'une eau délicieuse (1). D'ailleurs, autour de cette

---

(1) La fontaine de l'Oulle. Dans *La Grande Moucherolle*, par le prince Alexandre Bibesco (Journal *Le Dauphiné*, n° 601).

fontaine aussi bien que sur les rochers qui l'encadrent et la dominent, sont des espèces que l'on revoit avec plaisir, alors même que déjà on les possède, et d'autres qu'on est heureux de pouvoir cueillir : on trouve là, rassemblés dans un espace de peu d'étendue, le *Ranunculus alpestris* L. (qui remplace ici, avec le *R. Seguieri* Vill. qui croît à ses côtés, le *R. Glacialis* L. des hautes Alpes granitiques), l'*Hutchinsia alpina* R. Br., l'*Erysimum ochroleucum* DC., le *Silene quadrifida* L., le *Potentilla nivalis* Lap., le *Saxifraga androsacea* L., le *Bupleurum petræum* L. (qui reparaît de distance en distance sur toute la chaîne de Saint-Nizier au Grand-Veymont), l'*Arctostaphylos alpina* Spreng, rare en Dauphiné, et l'*Avena setacea* Vill., espèce rare non-seulement pour la France, mais, d'après le *Sylloge* de M. Nyman, pour l'Europe même. Veut-on récolter de beaux pieds d'*Aronicum scorpioides* DC., on n'a qu'à s'avancer de quelques pas le long de la montagne, et on les atteint aussitôt. Mais en allant, on voit tout à coup, fixée dans le rocher qui surplombe au dessus de votre tête, une plaque de marbre noir, surmonté d'une croix de fer, indiquant au voyageur qu'à l'endroit même où il pose le pied en ce moment, vint tomber un infortuné précipité de la montagne. C'est là sans doute un avertissement sérieux qui nous invite à la prudence, mais qui ne doit pas nous détourner de notre ascension à la Moucherolle. L'explorateur imprévoyant dont il s'agit avait conduit un chien avec lui, et l'animal, en le précédant, avait détaché une pierre qui dans ses bonds successifs, où elle prenait toujours une nouvelle vitesse et une nouvelle force, était venue frapper au front le malheureux, et l'avait fait rouler dans le précipice avant que les amis qui l'accompagnaient eussent pu le secourir et arrêter sa chute.

Nous quittons la fontaine, et, revenant un peu vers le sud-ouest, nous longeons les flancs de la montagne jusqu'au sommet, pour redescendre par le passage qui conduit entre les deux Moucherolles. Chemin faisant, nous observerons, au milieu de graviers mouvants que nous traversons tout d'abord, le *Biscutella coronopifolia* Vill. Cette plante, dont les feuilles presque toutes radicales, s'étalent en demi rosette, et sont très profondément incisées-pinnatifides, à lobes aigus et divariqués, est au moins une variété bien tranchée du *B. lævigata* L., si elle ne doit pas être considérée comme une bonne espèce : elle est bien plus rare que les autres variétés du *B. lævigata* ; je ne l'ai vue qu'à la Moucherolle et à Cornafion au milieu de débris calcaires, et toujours j'ai été frappé de son faciès particulier et constant.

Parmi les mêmes rocailles, on trouve le *Galium megalospermum* Vill., que l'on distingue aisément à ses feuilles lisses et charnues, à ses fruits très gros relativement à ceux des autres espèces dont il a la taille, tels que le *G. saxatile* L.; il est difficile d'en obtenir quelques pieds en bon état, parce que non seulement il est très fragile, mais que ses tiges sont très souvent stériles et que la plupart des fleurs avortent et ne produisent pas de fruits. Un peu plus loin, se présentent, l'un à côté de l'autre, deux *Allium* qui méritent d'être signalés, l'*A. Narcissiflorum* Vill., qui n'habite en France que dans les Alpes calcaires du Dauphiné, et l'*A. foliosum* Clar., variété de l'*A. Scho-*

nopraseum L. d'après la plupart des auteurs, mais dont le faciès est, à première vue, tellement distinct et toujours si constant, qu'il me semble préférable de le considérer comme véritable espèce. Le *Soyeria montana* Monn. commence à se montrer avec ses grosses calathides, pour reparaître bientôt plus abondant ; à ses côtés, on voit un *Primula* que j'ai observé depuis plusieurs années déjà sur la Moucherolle et ses environs, et dont ni Villars, ni Mutel n'ont parlé dans leurs Flores du Dauphiné. Ce *Primula*, dont les fleurs sont à odeur très suave, et non inodores comme celles du *P. variabilis* Goupil, me semble tout à fait identique avec le *P. intricata* de MM. Grenier et Godron. J'en ai aussi observé un autre, dans les prairies et les broussailles de la base de Chamechaude, que j'ai pris pour le *P. Tommasinii* G. G. (1). A chaque pas désormais nous allons rencontrer le *Linum montanum* Schleich., que l'on aurait tort de confondre encore avec les *L. alpinum* L. et *austriacum* L., car il en est véritablement distinct. Nous ne sommes encore qu'au milieu de notre ascension, et nous entrons dans un petit vallon étroit et d'une pente très roide, mais que l'on gravit avec plaisir, tant le gazon qui le tapisse, tant les rochers qui forment son berceau sont émail-

---

(1) M. Grenier, à qui j'ai communiqué ces deux *Primula*, m'a répondu que le premier était bien son *Primula intricata* ; mais il regarde mon prétendu *Pr. Tommasinii* comme une forme du *Pr. elatior*, sans toutefois se prononcer définitivement. Cette forme est assez commune à la Grande-Chartreuse ; M. l'abbé Faure m'en a communiqué de cette localité, où il a découvert le *Geum intermedium* Ehrh.

lés des plus belles fleurs. Là croissent en foule les *Anemone alpina* L. et *baldensis* L., le *Ranunculus alpestris* L., les *Adenostyles alpina* Bl. et F. et *albifrons* Rchb., le *Soldanella alpina* L.; les fissures des rochers sont remplies de *Viola biflora* L., de *Saxifraga oppositifolia* L., de *S. Aizoon* Jacq. et *aizoides* L.; on trouve aussi sur ces rochers, mais en plus petite quantité, le plus rare de nos *Arabis* de France, l'*A. pumila* Jacq., l'*Oxytropis montana* DC., un *Poa* très élégant, et dont les épillets, panachés de vert, de violet et de blanc, composent une panicule oblongue et contractée, penchée mollement au sommet, c'est le *Poa minor* Gaud.; une autre Graminée, dont les épillets bleu d'azur se font remarquer aisément, le *Festuca violacea*, vit à la Moucherolle en compagnie des *F. Halleri* All. et *pumila* Chaix.

Au sortir de ce charmant vallon que nous avons rapidement parcouru, on se voit au milieu de fines pelouses entrecoupées de rochers peu élevés qui varient le site et fournissent aux plantes les expositions les plus différentes. Les espèces qui nous frappent d'abord la vue sont le *Viola calcarata* L., l'*Aster alpinus* L., le *Myosotis alpestris* Schm., et le *Gentiana verna* L. avec plusieurs de ses variétés; le *G. nivalis* L. n'est point rare dans ces pelouses, mais cette plante est si petite qu'elle vous échappe facilement, si vous ne la cherchez pas avec une attention minutieuse. Le *Gentiana brachyphylla* Vill. est indiqué à la Moucherolle par Mutel, mais je n'ai pu y constater sa présence, malgré mes nombreuses excursions sur cette montagne; au contraire, je l'ai cueilli très abondamment aux bords du lac du Crozet, à Belledonne. Pour le dire en passant, cette espèce, comparée avec le *G. verna*, en diffère trop sensiblement, et ses feuilles surtout ont une forme trop particulière et trop constante, pour qu'on la considère comme n'en étant qu'une simple variété. Je crois que l'espèce de Villars est vraiment bonne. Mutel signale encore à la Moucherolle les *Saxifraga pubescens* Pourr. et *exarata* Vill., mais on ne doit pas se donner la peine de les y chercher, car ils ne s'y trouvent point. Mutel paraît avoir pris pour tels deux variétés du *S. muscoides* Wulf., espèce qui prend ici les aspects et les formes les plus divers, mais sans se confondre cependant, ni par ses pétales, ni par les nervures de ses feuilles, avec les deux espèces dont je viens de parler. Le *Saxifraga pubescens* n'a pas été trouvé d'une manière authentique dans le Dauphiné; quant au *S. exarata* Vill., il est assez commun au Mont-Viso où je l'ai récolté, et particulièrement en montant à la Traversette (1).

Encore quelques pas, et nous sommes au sommet de la Moucherolle ; nous retrouvons les mêmes espèces que je viens de citer, mais, en outre, le *Dianthus cæsius* Sm. qui est ici commun, les *Alsine verna* Bartl. et *Cherleri* Fenzl; cette dernière espèce ne vient que sur les sommets très élevés, mais l'*A. verna* préfère des stations moins alpines, ainsi que l'*Arenaria ciliata* L. que l'on rencontre tout à la fois sur les basses et hautes montagnes de la chaîne de St-Nizier.

---

(1) Voir notre *Guide du Botaniste en Dauphiné*, 13e excursion. Briançonnais, Queyras, Mont-Viso (Xavier Drevet, éditeur).

Enfin la subite apparition du *Carex nigra* All., de l'*Elyna spicata* Schrad., et surtout de l'*Androsace pubescens* DC., nous annonce que nous sommes au terme de notre ascension. Une fois que, sur le sommet de la Moucherolle, on domine de ce pic isolé toutes les montagnes d'alentour, on oublie un instant les plantes pour jouir du magnifique spectacle qui vient s'offrir à vos regards, et ce n'est qu'après avoir contemplé tour à tour les Cévennes qui fuient dans le lointain, le Rhône qui étincelle des feux du soleil, les âpres sommets du Diois et du Gapençais, ceux de la Grande-Chartreuse et de Chamechaude, mais surtout les Alpes avec leurs immenses glaciers, que l'on consent à revenir à la botanique et à cueillir encore des fleurs.

A peine montés, il nous faut penser à descendre, si nous voulons compléter notre excursion et nous rendre par la Petite Moucherolle au Grand Arc. A ceux qui désireraient visiter le flanc nord-est de la Moucherolle, je dirai qu'ils y trouveraient peu de profit et de sérieux dangers. En effet, on est obligé, pour descendre du sommet de la Moucherolle sur le flanc dont je parle, de franchir la crête de la montagne à un endroit si étroit que vous êtes comme suspendu entre deux profonds abimes, et qu'un faux pas suffirait pour vous y précipiter (1). Je n'ai fait qu'une fois ce court trajet, mais je ne le conseillerai jamais à personne. La seule espèce particulière que j'ai vu sur ce flanc nord-est de

(1) *Ascension de la Moucherolle par le col des Deux-Sœurs*, par Emile Viallet (Journal *Le Dauphiné*, nos 477, 479, 480).

la Moucherolle est le *Sibbaldia procumbens* L.; cette plante préfère nos Alpes granitiques, et je l'ai rencontrée sur un terrain calcaire que dans le lieu que je signale.

En descendant par le passage qui conduit entre la Grande et la Petite Moucherolle, on n'a point un chemin aisé, mais il est du moins sans péril, et l'on aboutit à des graviers mouvants où l'on peut récolter en quantité le *Ranunculus Seguieri* Vill. et le *Thlaspi rotundifolium* Gaud. Le *Papaver alpinum* L., à fleurs orangées, croit dans le même lieu, mais il y est rare : la variété à fleurs blanches n'y a jamais été vue, mais elle habite le département de l'Isère (1). N'oublions pas de chercher, à côté du *R. Seguieri* et du *Th. rotundifolium*, une plante bien moins apparente, mais plus rare, le *Mœhringia polygonoides* M. et K. Je l'ai cueilli deux fois dans les débris calcaires qui s'étendent immédiatement au bord des pelouses formant berceau entre les deux Moucherolles.

Pour monter sur la Petite Moucherolle, nous ne descendrons point jusqu'à la base, trois heures de temps ne suffiraient pas à ce pénible trajet : nous avons un moyen d'abréger notre chemin, et de parvenir en un quart d'heure au but souhaité. Rapprochons-nous du pic le plus élevé de la Petite Moucherolle, et là nous verrons, dans les flancs de la montagne, une anfractuosité qui la traverse du pied

---

(1) Cette variété a été récoltée sur le Mont-Obiou par M. B. Jayet, en 1872, et en 1875 par M. l'abbé Debut. Au Mont-Obiou vient aussi le *Viola cenisia* L.

au sommet : c'est le chemin ou plutôt le sentier de chamois qu'il faut suivre, mais un botaniste ne craint pas de s'y aventurer, d'autant plus que le *Draba tomentosa* Whlnbg, qu'il n'a point encore vu dans son excursion, l'*Androsace pubescens* plus abondant que sur la Grande-Moucherolle, et l'*Arabis pumila* qui se présente à lui de nouveau, viennent le distraire et l'empêcher de prendre le vertige, en voyant d'un côté la pente et l'étroitesse du sentier qu'il gravit, et de l'autre la distance qui le sépare du bas de la montagne.

S'il est vrai que le contraste est souvent pour beaucoup dans nos jouissances, on goûte un plaisir tout particulier, lorsque, parvenu à l'extrémité supérieure de cet escallier taillé dans le roc, on arrive au milieu des vertes et vastes pelouses, dont la pente doucement inclinée va nous donner un chemin facile jusqu'au Grand Arc. Nous remarquerons, en parcourant ces pelouses ou en passant auprès des rochers qui les dominent de distance en distance, de charmants bouquets d'*Armeria alpina* Willd. et de *Myosotis alpestris* Schm., de larges tapis de *Potentilla aurea* L. et de *P. alpestris* Hall., des touffes compactes de *Dryas octopetata* L., de petits groupes moins visibles de *Veronica alpina* L., de *V. aphylla* L., d'*Erigeron alpinus* L., de *Gnaphalium supinum* L., de *Leontopodium alpinum* Cass. connue maintenant sous le nom d' « Edelweiss » et d'*Androsace lactea* L., l'une des plus rares et des plus jolies espèces de la famille des Primulacées. A chaque pas on foule le *Carex sempervirens* Vill., qui forme ici, en société avec le *Nardus stricta* L., la base du gazon ; le *Carex rupestris* All. vient sur les rochers de la Petite Moucherolle, mais en petite quantité : il préfère les terrains granitiques, et nulle part je ne l'ai vu plus abondant qu'au pic du Bec, au Lautaret et sur la montagne des Seilles, à Saint-Christophe, en Oisans (1).

Nous touchons au sentier qui coupe en deux parties égales le Grand Arc, comme une flèche tendue sur sa corde : d'abord nous longeons, à droite du sentier, l'arête de la montagne pour y prendre l'*Alsine Bauhinorum* Gay, le *Coronilla vaginalis* Lam. et le *Rhamnus pumilus* L. qui se cramponne comme un lierre au flanc du rocher; ensuite nous revenons au sentier de la Balme, et, tournant à gauche le col du Grand Arc, nous explorons à leur base les rochers abrupts de la Petite Moucherolle, sur le versant de la Gresse. Là semblent s'être donné, pour ainsi dire, rendez-vous plusieurs espèces très intéressantes, entre autres plusieurs *Hieracium*; les *H. Jacquini* Vill. et *villosum* L., ces deux espèces si polymorphes, se montrent ici sous toutes leurs formes et y sont communs : on trouve à côté d'eux, mais rares, ses *H. Pseudocerinthe* Koch, *glabratum* Hoppe, *saxatile* Vill. et *glaucopsis ?* G. G. (2). Çà et là apparaissent quelques pieds stériles d'*Eryngium Spina alba* Vill.: je l'ai cueilli en

---

(1) Voir notre *Guide du Botaniste en Dauphiné*, 12ᵉ excursion (Oisans et Col du Lautaret).

(2) M. Grenier, à qui j'ai fait examiner mes échantillons, croit que cette espèce, que je lui avait présentée comme étant probablement son *Hieracium leucophæum*, n'est qu'une forme amoindrie de son *H. glaucopsis*, mais paraît assez différer de la plante de La Grave désignée sous ce nom.

bon état sous la Grande Moucherolle du côté de Prélanfrey, localité où j'ai découvert le *Carex mucronata* All., espèce très rare en France, et que l'on n'avait encore signalée qu'au col de l'Arc. Mais, pour le moment, ne nous éloignons pas de la Petite Moucherolle; car, outre les plantes déjà citées, nous y trouverons encore l'*Arabis serpyllifolia* Vill. (qui préfère ordinairement des stations moins élevées, telles que le Villard-de-Lans, par exemple), quelques pieds d'*Alsine Villarsii* M. et K. (à feuilles un peu plus larges, à fleurs moins nombreuses que la plante du Mont-Viso, ce qui ne suffit point pour qu'on sépare les deux formes comme espèces distinctes, ainsi que l'a fait Mutel dans la seconde édition de sa *Flore du Dauphiné*), le *Bupleurum ranunculoides* L. (forme un peu élevée, mais robuste, et différant en cela de celle qu'on voit au Lautaret), le *Serratula tinctoria* L. (forme à grosses calathides, et désignée dans la dernière édition de la Flore de M. Boreau sous le nom de *S. Montana*; on a raison, je crois, de la considérer comme espèce), les *Linaria supina* Des. et *alpina* DC., le *Primula suavolens* Bertol., à feuilles blanches tomenteuses, surtout à la face inférieure, à tubes de la corolle à peine exsert du calice, à limbe nullement étalé, mais concave-arrondi, en forme de godet. Koch considère ce *Primula* comme une bonne espèce, mais j'ai observé dans les bois-taillis des environs de Grenoble des formes intermédiaires entre le *P. suaveolens* et le *P. officinalis* Jacq , qui me porte à ne considérer la première que comme une variété de la seconde, ainsi que le font Mutel et MM. Grenier et Godron. Enfin terminons notre excursion en récoltant encore une forme particulière du *Linum suffruticosum* L., plus ligneuse et plus diffuse que celle du midi de la France, et dont Lamarck avait fait son *L. salsoloides*, le *Teucrium pyrenaicum* L., belle espèce à odeur balsamique, que, pendant longtemps on n'avait vue que dans les Pyrénées, et le *Carex tenuis* de Host. Si, avant de reprendre le chemin du Villard-de-Lans, ou de suivre, par la Balme, celui qui mène au Monestier-de-Clermont, on veut se reposer un instant et réparer un peu ses forces par un modeste repas, je m'empresse d'avertir qu'au lieu même où nous venons de terminer notre herborisation, il y a une charmante et excellente fontaine au bord de laquelle les mets les plus ordinaires prennent une saveur et un goût exquis.

EXCURSION BOTANIQUE

au Grand-Veymont et au col de la Croix-Haute

Nous avons pu, en explorant la Moucherolle et ses environs, apprécier le caractère de la végétation particulière à la chaîne de Saint-Nizier et juger de son ensemble : je n'ai plus qu'à signaler quelques plantes spéciales au Grand-Veymont, au col de Menée et à la forêt d'Esparron, aux montagnes de la Croix-Haute, du col de Lus et de la Chartreuse de Durbon, pour donner une idée complète de l'herborisation de cette longue arête de rochers calcaires qui sillonne à l'est, en ligne parallèle avec nos grandes Alpes, les départements de l'Isère et de la Drôme.

On peut aller de Grenoble au Grand-Veymont en s'y

rendant par la route nationale de la Croix-Haute, que l'on abandonne à Monestier-de-Clermont ou à Saint-Michel-les-Portes, ou par le chemin de fer (mêmes stations) (1), ou bien encore par le sentier de Corençon à la Grand'Cabane : cette dernière voie est la plus agréable et la plus intéressante pour le botaniste, attendu qu'elle le conduit pendant quatre heures à travers des forêts ou des clairières qui ne sont pas sans richesses pour la science. Le Grand-Veymont, plus élevé que la Moucherolle, est d'une altitude de 2.343 m. (2). J'ai trouvé sur son sommet deux plantes qui ne sont point à la Moucherolle, le *Draba pyrenaica* L. et le *Saxifraga muscoides* Wulf. var. *compacta* (3), forme rare en Dauphiné et qui se plait au bord des abimes sur les arêtes battues des vents. A l'est de la même montagne, l'*Androsace villosa* L., et le *Silene acaulis* L. tapissent le gazon de leurs jolies touffes roses et purpurines. Pour récolter le *Berardia subacaulis* Vill., cette Synanthérée à feuilles larges, oblongues, blanchâtres, aranéeuses, et à calathide solitaire, grande et jaunâtre, il faut descendre du nord à l'est du Veymont sur le col des Portes, au lieu dit les Bachats, où cette belle plante est abondante. Le

(1) M. Gaston Bonnier, membre de l'Institut, professeur à la Sorbonne, auteur de la *Flore de France*, a publié dans la *Bibliothèque Scientifique du Dauphiné* une intéressante étude sous le titre *La Botanique en Chemin de fer. De Monestier-de-Clermont à Sisteron* (Grenoble, Xavier Drevet, éditeur).

(2) *Ascension du Grand-Veymont*, par Emile Viallet (Journal *Le Dauphiné*, nos 481, 482).

(3) Cette variété a été prise à tort pour le *S. groenlandica* L.

Mont-Aiguille (2.097 mètres), que l'on domine de la cime du Veymont, est entouré à sa base aride et pierreuse d'*Allium narcissiflorum* Vill., et produit, outre le *Galium megalospermum* Vill. et l'*Alsine Villarsii* M. et K., une rare ombellifère, l'*Heracleum pumilum* Vill.

De la base du Mont-Aiguille, on va prendre la route nationale, pour la suivre pendant quelques kilomètres jusqu'à l'entrée de la forêt d'Esparron, en face du Monestier-du-Percy. Nous trouvons ici, à l'ombre des sapins, l'*Asperula taurina* L., la plus remarquable espèce du genre, et qui n'a en France que très peu de localités. C'est au sud de cette forêt que s'allonge, à travers de grandes prairies, la route qui conduit au col de Menée. Ce chemin est, à sa base, bordé de deux haies formées d'énormes pieds d'*Atropa Belladonna* L. Je n'ai vu nulle part ailleurs cette plante narcotique aussi commune. En quittant le chemin pour explorer à gauche les prairies dont je viens de parler, on rencontre d'abord abondamment sous ses pas le *Veratrum album* L., le *Trifolium alpestre* L., le *Trifolium Thalii* Vill., l'*Arnica montana* L.; puis, un peu plus rares, le *Campanula Thyrsoides* L., le *Scorzonera hispanica* L., l'*Hieracium aurantiacum* L. au milieu de gazons composés presque en entier d'*Aira flexuosa* L., les *Plantago alpina* L. et *montana* Lam. et le *Potentilla grandiflora* L. à tiges bien grêles et moins grand dans toutes ses parties que la forme de la même espèce qui croît sur les terrains granitiques; enfin on y voit aussi les *Orchis albida* Scop. et *viridis* Crantz, et ce joli *Nigritella angustifolia* Rchb., dont les fleurs pourpre-noir exhalent un parfum si délicat.

Du col de Menée, nous revenons à la route nationale, et, sans nous arrêter au Monestier-du-Percy, où j'ai cueilli cependant le *Bupleurum protractum* Link, espèce méridionale, le *Salvia Sclarea* L. et le *Xeranthemum erectum* Presl, nous nous rendons directement au col de la Croix-Haute (1.166 mètres) (1) : franchissant ensuite de quelques pas les limites du département de l'Isère, nous prenons, au nord-ouest du village des Lussettes, le chemin qui conduit au sommet de la montagne. Jamais je n'ai vu de prairies émaillées de plus de fleurs que les pelouses qui s'étendent à l'est de la partie supérieure des montagnes de la Croix-Haute, limitrophe des départements de l'Isère et de la Drôme. Mais, pour ne parler que des espèces que je n'ai point encore mentionnées, je me contenterai de citer le *Thlaspi virgatum* G. G., le *Potentilla gentilis* Jord., le *Leontodon pyrenaicus* Gouan, les *Hieracium alpinum* L. et *aurantiacum* L., le *Phyteuma Halleri* All., le *Daphne Verloti* G. G., les *Pedicularis verticillata* L., *foliosa* L , *comosa* L. et *gyroflexa* Vill. Cette dernière espèce est celle que MM. Grenier et Godron avait prise à tort pour le *Pedicularis fasciculata* Belardi, erreur rectifiée dans les *Archives de Flore* publiées par M. Fr. Schultz, p. 233. Le *P. gyroflexa* est commun sur toute la chaîne de Saint-Nizier ; quoique rapproché du *P. cenisia* Gaud., il s'en distingue facilement par son casque insensible-

---

(1) Les deux stations du chemin de fer les plus rapprochées sont Saint-Maurice-en-Trièves (869 mètres) et Lus-la-Croix-Haute (1.012 mètres).

ment terminé en un bec tronqué échancré, et non subitement acuminé, allongé, comme dans le *P. centisia*, qui vient au Galibier où je l'ai récolté. A cette énumération des plantes de la montagne des Lussettes, je dois ajouter l'*Anemone Halleri* All., l'*Astragalus depressus* L., le *Saxifraga muscoides* Wulff. var. *compacta*, plus abondant ici que sur le Veymont, le *Campanula Allionii* Vill. et l'*Arenaria stolonifera* (Villars, ined.), variété très remarquable de l'*Arenaria grandiflora* L.: celui-ci, que j'ai cueilli sous le fort des Têtes, à Briançon, a les tiges courtes ascendantes réunies en une touffe roide et compacte; la variété dont je parle, au contraire, étend sur la terre ses tiges longues et stolonifères. Toutes les plantes que je viens de signaler en dernier lieu habitent la crête même de la montagne à une hauteur d'environ 2.200 mètres. De cette cime élevée, nous voyons serpenter à nos pieds la route de Lus à Die : c'est là que nous allons descendre par une pente fort inclinée, après avoir traversé, à la base de la montagne, un champ pierreux tout hérissé d'*Eryngium Spina alba*. Nous laisserons derrière nous le village de Grimone, et, franchissant la route au premier hameau que nous verrons sur notre droite, nous irons cueillir, dans la forêt qui l'avoisine, un *Androsaces* dont les petites fleurs bleuâtres, supportées par de longs pédoncules, s'arrondissent en une gracieuse ombelle; on a reconnu l'*Androsaces Chaixii* G. G., rare espèce bien distincte de l'*Androsaces septentrionalis* L., avec lequel on l'avait confondue. Au même lieu croissent l'*Arabis brassiciformis* Wallr., l'*Asperula taurina* L. en larges touffes, et le *Carduus personata* Jacq. Au sortir de la forêt par le côté sud, nous entrons au milieu de prairies relevées en amphithéâtre : c'est là qu'il faut chercher le *Fritillaria delphinensis* Gren., que l'on voit de loin en loin détacher du gazon sa belle fleur d'un brun pourpré ; il est ici beaucoup plus rare qu'au Mont-Viso.

Dans l'excursion que nous venons de faire, nous avons décrit une circonférence dont le premier point du compas, si je puis ainsi dire, nous a éloignés du village des Lussettes par le nord, et dont le dernier nous y ramène par le sud. Mais si nous voulons faire une visite aux prairies de la Chartreuse de Durbon, au lieu de retourner aux Lussettes, il vaut mieux, après avoir pris une dizaine de pieds d'*Hieracium politum* Fries contre les rochers qui bordent le chemin à notre gauche, nous rendre à Lus, et abréger ainsi d'une heure au moins la course que nous aurons à faire le lendemain.

La Chartreuse de Durbon est un des lieux où Villars aimait le plus à herboriser : aussi en parle-t-il souvent dans son *Histoire des plantes du Dauphiné*. C'est par le sentier qui conduit à la forêt de Lus au sud-est que nous irons à la Chartreuse de Durbon ; ce n'est pas le chemin le plus direct ni le plus facile, mais le seul intéressant pour le botaniste. Au sortir de Lus, la première plante qui fixe notre attention est l'*Erysimum virgatum* Roth, qui borde la route l'espace d'un kilomètre. On entre bientôt dans la forêt, et, pendant qu'on la traverse, on n'a guère autre chose à observer qu'une variété du *Phyteuma orbiculare* L., le *Ph. fistulosum* de Mutel, considéré par cet auteur, soit dans sa *Flore de France*, soit dans la seconde édition de sa *Flore du Dauphiné*, comme une espèce très distincte. De la forêt, on débouche au milieu de grandes prairies d'une riche végétation : on y remarque un *Potentilla* démembré du *P. intermedia* L. (espèce multiple), qui n'a point ici l'aspect de la plante du Mont-de-Lans, en Oisans : aussi M. Jordan a-t-il séparé les deux formes qu'il a considérées comme espèces distinctes, donnant à la première le nom de *P. antarctica*, et à la seconde celui de *P. Grenierana*. On voit, dans ces mêmes prairies, un *Centaurea* qui a eu un faciès particulier, semblable d'un côté, par ses feuilles lancéolées-étroites, blanches, lanugineuses sur les deux faces, au *Centaurea axillaris* Willd., tel qu'on le rencontre au Mont-Viso, et, de l'autre, semblable au *C. montana* L. par les écailles du péricline, munies d'une large bordure noire incisée-ciliée, à cils plans, rapprochés, noirs et égalant la largeur de la bordure. Mutel le considère comme étant le *C. mollis* W. et Kit. Du milieu de ces prairies s'élèvent çà et là des groupes de *Rosa*, composés tantôt d'une seule et même espèce, et tantôt de plusieurs réunies, parmi lesquelles on compte surtout le *Rosa tomentosa* Sm., le *R. rubrifolia* Vill., et en moindre quantité le *R. montana* Chaix.

Nous quittons cette enceinte de prairies pour traverser une nouvelle forêt et descendre jusqu'à Durbon ; à peine a-t-on franchi la lisière du bois que l'on rencontre le *Pirola uniflora* L., et un peu plus loin le [illegible] *montanum* L. Les alentours des ruines de la Chartreuse de Durbon ne nous offrent que des plantes que j'ai déjà mentionnées ailleurs ; la seule espèce [illegible] à cette localité est le *Potentilla recta* L., à laquelle je joindrai encore le *Malva alceoides* Ten., forme bien particulière du *M. Alcea*, et le *Myrrhis odorata* Scop. On voit cette dernière espèce auprès de tous les couvents qui sont ou qui ont été sous la dépendance des Chartreux dans le Dauphiné. Si l'on prend la tige ou les pétioles du *M. odorata*, et que, les brisant sous la dent, on en goûte le suc, on y trouve un arome agréable et très prononcé, qui est le même que celui de la liqueur si connue sous le nom de *chartreuse*, ce qui donne à présumer que cette Ombellifère entre dans la composition de la liqueur fabriquée par les religieux de la Grande-Chartreuse, et dont eux seuls possèdent encore le secret.

En achevant cette herborisation du Villard-de-Lans à la Moucherolle et de la Moucherolle au Grand-Veymont, à la Croix-Haute et à la Chartreuse de Durbon, je reconnais tout ce qu'on aurait pu y répandre de charmes; mais, si aride que soit la simple énumération que je viens de faire des principales espèces de l'une de nos plus importantes localités de l'Isère et même de tout le Dauphiné, peut-être ne sera-t-elle pas sans quelque intérêt pour les botanistes qui désirent avoir une idée de la végétation de la chaîne de Saint-Nizier : elle pourra du moins leur fournir les éléments d'un tableau comparatif à établir entre les plantes plus ou moins spéciales aux terrains calcaires et aux terrains granitiques de nos Alpes du Dauphiné.

www.ingramcontent.com/pod-product-compliance
Ingram Content Group UK Ltd.
Pitfield, Milton Keynes, MK11 3LW, UK
UKHW012122240726
13965UKWH00005B/1916

9 782013 453585